我的旅遊手冊

首爾

新雅文化事業有限公司

www.sunya.com.hk

我的旅遊計劃

小朋友，你會跟誰一起去首爾旅行？請在下面的空框內畫上人物的頭像或貼上他們的照片，然後寫上他們的名字吧。

登機證 Boarding Pass	✈ 首爾 SEOUL

請你在右面適當的位置填上這次旅程的相關資料。

出發日期：

　　　　　年　　　　月　　　　日

回程日期：

　　　　　年　　　　月　　　　日

旅遊目的：

☐ 觀光

☐ 探訪親人

☐ 遊學

☐ 其他：_____

在出發前，要先計劃活動，你可以跟爸爸媽媽討論一下行程安排。
請在橫線上寫上你的想法吧。

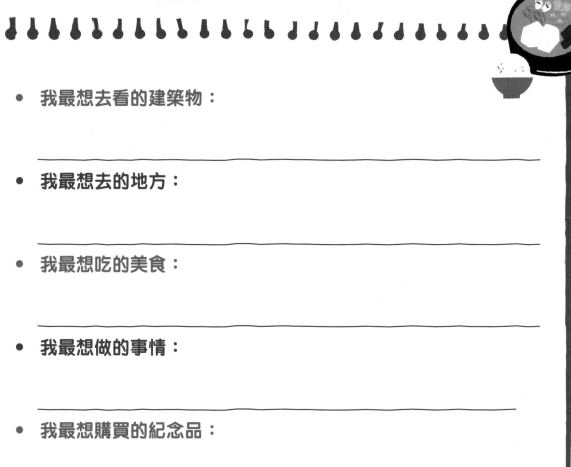

- **我最想去看的建築物：**

  _____

- **我最想去的地方：**

  _____

- **我最想吃的美食：**

  _____

- **我最想做的事情：**

  _____

- **我最想購買的紀念品：**

  _____

首爾
Seoul
—— 韓國的首都

안녕하세요！
小朋友，快來一起到首爾這個美麗的城市，認識韓國的文化吧！

韓國
Korea

江原道

京畿道

忠清北道

忠清南道

慶尚北道

全羅北道

慶尚南道

全羅南道

◉ 首爾
◉ 釜山
◉ 慶州
◉ 濟州

正式名稱：大韓民國
地理位置：東北亞

韓國地處亞洲大陸東北部的朝鮮半島南段，三面環海，西部與中國隔海相望，東部和東南部與日本隔海相鄰。

國旗：

首都：首爾（舊稱漢城）
語言：韓語
貨幣：韓圜 ₩

考考你
你知道韓圜一萬元紙幣上的人像是誰嗎？

首爾的天際線

小朋友，你能分辨出以下這些首爾的地標嗎？請從貼紙頁中選出合適的貼紙貼在剪影上。

小知識

首爾位於韓國西北部的漢江流域，是韓國的首都。首爾曾是朝鮮王朝的都城，長達五百多年，至今仍保存了很多重要的宮殿和宗廟古跡，現今的首爾已成為亞洲主要的金融大城市之一。此外，韓國在音樂、娛樂事業文化、體育、電子科技產業等各方面都影響着世界各地的發展。

N 首爾塔

N 首爾塔是熱門的旅遊地標，位於市區的南山山頂上。人們站在塔上的瞭望台，可以從 360 度全面俯瞰整個首爾的城市面貌，以及欣賞美麗的日落和夜景。請從貼紙頁中選出合適的貼紙貼在剪影上。

SEOUL TOWER

小知識

N 首爾塔，原名南山塔，建於 1969 年，高 236 米。2005 年，政府耗費巨額資金增設現代化的設計和交通配套設施把南山塔打造成為新旅遊景點，並把它命名為「N 首爾塔」（N Seoul Tower），其中「N」包含了南山（Namsan）和新（New）的意思。

除了美麗的風景外，在 N 首爾塔下面的展望台還有不少以愛為主題的設施，吸引了很多遊客和本地人到來遊覽。請你把下圖中的空白位置填上美麗的顏色吧。

I LOVE YOU I L
YOU I LOVE YO
LOVE YOU I LO
I LOVE YOU I
YOU I

我的小任務

在 N 首爾塔的瞭望台上，請你找出哪一面玻璃窗上標示了香港與首爾之間的距離和方向，並拍下照片作為留念。

景福宮

景福宮是首爾現存規模最大的宮殿，是遊客們必到的景點之一。在景福宮的門外，有一些士兵侍立着，小朋友，你知道古時的士兵的衣着和裝備是怎樣的嗎？請從貼紙頁中選出合適的貼紙貼在剪影上。

小知識

景福宮是朝鮮時代最古老、最具規模的皇宮，至今已超過 600 年歷史。在皇宮裏，有不少大殿上的門匾都是以漢字書寫的。這是因為最初在古代韓國社會上是使用漢字的，而且只有貴族有有機會讀書寫字，直至後來世宗大王發明韓文才令文字在民間普及起來。

我的小任務

請你在景福宮參觀時，記下在宮內看到的漢字門匾吧。

古代生活文化體驗

小朋友，你想知道古時的韓國人是怎樣生活的嗎？快來一起到兒童民俗博物館，穿越時空，體驗古代的生活文化吧。請從貼紙頁中選出貼紙貼在合適的位置。

小知識

景福宮的面積十分廣闊，宮內設有國立博物館、國立民俗文化館和兒童民俗博物館。兒童民俗博物是專為兒童而設的，讓孩子通過動手觸摸操作、實踐和遊戲等形式，體驗古時韓國人民的生活，包括衣食住行、遊藝、節日文化等等。另外，你也可以到北村看看現存仍有居民居住的韓屋羣。

11

光化門廣場

光化門廣場是韓國一個重要的名勝地標。在廣場上，屹立着一位韓國偉人的銅像——世宗大王銅像，而在它的前面則有三個小銅像，小朋友，你知道它們的名稱嗎？請你把以下的銅像和正確的名稱用線連起來。

①

②

③

Ⓐ 仰釜日晷

Ⓑ 渾天儀

Ⓒ 測雨器

答案：1.A 2.C 3.B

小知識

世宗大王是一位博學多才的君主，是韓國歷史上最傑出的偉人之一。他除了創造文字之外，在音樂、文化藝術、天文曆法、軍事發明上也作出了巨大的貢獻，推動了韓國的文化發展。

考考你

在廣場上，還有一尊威武的將軍銅像，小朋友，你知道這位將軍的名字嗎？

答案：李舜臣將軍

傳統韓服體驗

小朋友，你知道韓國人的傳統服飾是怎樣的嗎？當你去韓國旅遊的時候，你也可以體驗一下穿着傳統韓服，並在古代的皇宮或韓屋拍照留念呢。請你把以下空白的位置填上顏色。

購物天堂

韓國是一個深受旅客歡迎的購物天堂，
例如明洞和東大門等都有很多年輕人
愛逛的店舖。請從貼紙頁中選出合適
的貼紙貼在右圖中，看看韓國街上有
什麼特色吧。

Café Korean
upstairs

innstree

삼계탕

小知識
韓國人十分注重儀容，不論男女，
年青人或長者均會悉心化妝打扮。
因此，在韓國的街道上有很多售賣
化妝品和時裝的店舖呢。

15

南怡島

韓國的四季分明。在秋天時，遊客們都喜歡到位於首爾近郊的南怡島欣賞美麗的紅葉景色。請你把下圖中的空白位置填上顏色吧。

小知識

南怡島上樹木林蔭，長滿了銀杏樹和杉木等，島上還設有別致的庭園水池、特色的餐館和展覽館。另外，南怡島是韓國著名的電視劇和電影拍攝場地，吸引大量遊客到島上尋找拍攝的場景。例如電視劇《藍色生死戀》就是在這裏取景拍攝的，島上更設有劇中男女主角的銅像呢。

我的小任務

當你在南怡島遊覽時，請你收集一片紅葉，試試用它來製作書簽留為紀念吧。

立體視覺藝術館

韓國有很多摩登的藝術館。其中，最受遊客喜愛的要算是立體視覺藝術館了。大家快一起來體驗成為藝術品中的主角吧。請在下面的相框內貼上一張你跟立體視覺藝術畫作互動的照片，你也可以畫上有趣的東西呢。

小知識

立體視覺是近年流行的一種繪畫形式，畫家利用角度和陰影來繪畫，製造錯視的效果，例如遠近、深淺等。這些作品大多充滿想像力和互動性，主題多元化，讓觀眾也能參與其中，成為畫中的角色，因而廣受歡迎。

18

街頭藝術

首爾是一個充滿藝術文化氣息的城市，遊客們可以在街頭隨處欣賞到各種藝術創作。下面這些藝術作品都有一些部分不見了，請從貼紙頁中選出貼紙貼在適當的位置，讓它們變得完整吧。

小知識

在韓國有很多大型的主題壁畫村，例如仁川壁畫村、梨花洞壁畫村、城內村漫畫街、普羅旺斯村等。這些地方大多是首爾文化觀光局打造的藝術計劃，當局邀請了韓國藝術家或學生參與主題創作，作品形式豐富多樣，包括雕塑、壁畫、金屬製品及模型等。這些街頭藝術作品既美化了市容，也令社區充滿朝氣和活力，同時打造出新興的旅遊景點。

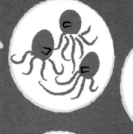

水產市場

韓國是一個海島國家，因此有豐富的海產。首爾市內有
很多傳統的水產市場，你可以到韓國最大的、歷史悠
久的鷺梁津水產市場，吃一頓新鮮美味的海鮮大餐呢。
請從貼紙頁中選出合適的貼紙貼在剪影上。

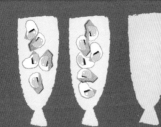

小知識

在韓國的飲食文化中，有不少生吃的海
鮮刺身料理和醬油蟹等，大家在享受美
食的同時，也要注意衞生，切記要用不
同的餐具分開夾生熟的食物啊。

親子活動

在韓國有不少大型的主題樂園和牧場。在樂園裏，有大人和小孩都喜歡的遊戲和表演；而在牧場裏，大家可以親親各種可愛的動物。小朋友，你喜歡哪一種活動呢？請從貼紙頁中選出合適的貼紙貼在剪影上，看看這些有趣好玩的地方吧。

21

韓國美食

小朋友，你知道韓國人愛吃哪些食物嗎？
請從貼紙頁中選出食物貼紙貼在剪影上，
看看桌上有什麼韓式美食吧。

水冷麵

部隊鍋

小知識

泡菜是最具代表性的韓國食物。
在韓國旅遊時，很多遊客都喜歡
去參加泡菜製作班，藉此學習韓
國的飲食文化。

22

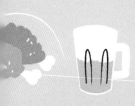

炸雞和啤酒　　　　　飯卷　　　　　牛肉濃湯　　　　　人參雞

韓式小菜　　　　　石頭窩飯　　　　　泡菜海鮮豆腐湯　　　　烤肉五花腩

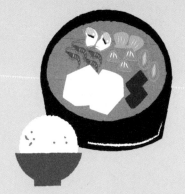

考考你

小朋友，你知道以下哪些蔬菜是韓國常用的泡菜材料嗎？（可選多於一項）

A 白蘿蔔　　　**B** 西蘭花　　　**C** 大白菜　　　**D** 青瓜

答案：A, C, D

傳統文化表演

韓國有很多傳統的文化藝術表演，例如鼓舞、面具舞和扇子舞。請從貼紙頁中選出貼紙貼在合適的位置，看看舞蹈員正在表演什麼舞蹈吧。

韓國現代文化

近年，韓國的流行音樂、電視劇、電影和綜藝電視節目等娛樂文化風靡世界各地。在香港，我們也常常可以看到電視播放韓國節目呢。小朋友，你喜歡韓國的音樂或電視節目嗎？請說說看。

汗蒸幕

在韓國有一種獨特的沐浴設施——汗蒸幕，很多遊客都喜歡去體驗一下呢，請從貼紙頁中選出合適的貼紙貼在剪影上，看看人們在做些什麼吧。

運動競賽多

韓國的體育事業發達，成績卓越，健兒們在不同國際體育比賽的運動項目上均取得獎牌。小朋友，你知道韓國有哪些熱門運動嗎？請在 ☐ 內加上 ✓。

① 棒球比賽

② 柔道

③ 足球

④ 欖球

⑤ 跆拳道

⑥ 花式滑冰

答案：1,3,5,6

首爾燈節

首爾燈節是一個廣受旅客喜愛的節慶。在晚上，清溪川上的花燈把河川打扮得真美麗啊！小朋友，請你設計出一款獨特的花燈，並在下面的空框內畫出來吧。

小知識

清溪川廣場是首爾市中心內一個著名的地標。每年 11 月，在著名的清溪川上都會舉辦燈節活動。在燈節期間，清溪川上放滿了數百個不同造型的花燈，吸引了很多旅客來觀光。

我的旅遊小相簿

小朋友，你喜歡拍照嗎？請你把在這次旅程中拍下的
照片貼在下面不同主題的相框裏，以留下珍貴的回憶。

韓國美食

泡菜

皇室宮殿

N 首爾塔

我的首爾旅遊足跡

小朋友，你曾經到過韓國首爾的哪些地方觀光？請從貼紙頁中選出貼紙貼在地圖的剪影上來留下你的小足跡吧。另外，你也可以在地圖上畫出你自己計劃的旅遊路線。

我到過的地方：

青瓦台

北村韓屋

景福宮

東大門設計廣場

世宗大王銅像

明洞天主教堂

首爾站

N首爾塔

我的旅遊筆記

你可以發揮創意，把你在旅程中看到有趣的東西畫出來。

請貼在 P.6 - 7

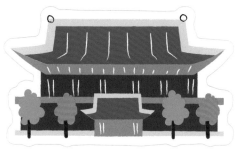

請貼在 P.8

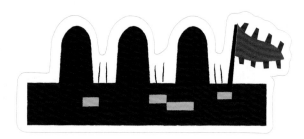

請貼在 P.10

請貼在 P.11

請貼在 P.11

請貼在 P.14 - 15

請貼在 P.19

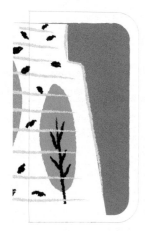

請貼在 P.20

請貼在 P.21

請貼在 P.22 - 23

請貼在 P.24

請貼在 P.26

請貼在 P.31